Andreas Scholl

Querfeldein am Niederrhein

Texte und Zeichnungen: Andreas Scholl
Layout: Heike Markwitz
Lektorat: Susanne Nagels

Bibliografische Information der Deutschen Bibliothek
Die Deutsche Bibliothek verzeichnet diese Publikation in der Deutschen Nationalbibliografie; detaillierte bibliografische Daten sind im Internet über http://dnb.ddb.de abrufbar.

Verlag Fachtechnik + Mercator-Verlag, Duisburg
www.mercator-verlag.de

Druck: Druckhaus Cramer, Greven
ISBN 978-3-87463-487-8

Andreas Scholl

Querfeldein am Niederrhein

Ansichten und Einsichten eines Landwirts

Mercator

Andreas Scholl, Jahrgang 1973, lebt und arbeitet in Rees am Niederrhein als selbstständiger Landwirt. Mit seiner Familie bewirtschaftet er einen Pferdebetrieb mit Ackerbau, Grünland und Forst und vermietet Ferienwohnungen.

Niederrheinische Motive und ein besonderes Dorfleben umgeben ihn täglich und sorgen für spontane Ideen, die er mit zeichnerischem Können und einer gehörigen Portion Ironie zu Papier bringt. In seiner Heimat wurden seine Zeichnungen auf verschiedenen Ausstellungen gezeigt, die bei Presse und Publikum gleichermaßen gut ankamen.

„Querfeldein am Niederrhein" ist sein erstes Buch.

Schonzeit

Gänsetouristen

Winter bei uns am Niederrhein. Schmutziggrau bis schneeweiß liegt die flache Landschaft da. Riesige Vogelschwärme drängen sich im Formationsflug am dunklen Himmel. Wildgänse fallen wieder in ihr Winterferiengebiet ein wie deutsche Urlauber in die mallorquinischen Touristenhochburgen. Die Vögel möchten sich nach der sibirischen und skandinavischen Kälte ihre Eisbeinchen wärmen.

Wie die Rosinenbomber damals über Berlin, bilden sie eine Luftbrücke am Himmel. Leider werfen sie keine Schokolade ab, sondern lassen andere Dinge fallen.

Ohne Unterlass landen sie auf den fettglänzenden Feldern in den Niederungen. Jeder grüne Halm, der aus dem Boden sprießt, wird als Einladung zum Büffet verstanden, und die Gänse weiden Wiesen und Felder akribisch ab.

Wenn die Vögel am Niederrhein immer mehr werden, steigt auch die Anzahl der Menschen, die Gänseschwärme beobachten – den sogenannten Gänsetouristen. Sie kommen mitunter von weither, und ihre Autos stehen am Wegesrand oder auch einfach so auf der Straße. Aus den Seitenscheiben ragen kanonenförmige Kameraobjektive und zielen auf die Gänserudel, die sich auf dem Acker versammelt haben.

Die Menschen im Auto schauen sich die Gänse an und die Gänse auf dem Feld gucken zurück.

Wie Models auf dem Catwalk werden die Vogeltrupps von allen Seiten fotografiert. Auf dem Acker wundern sich die Saat-, Bläss- und Graugänse über so viel Aufmerksamkeit, denn die wird ihnen in der sibirischen Tundra eher selten zuteil.

An die Autos mit den Gänsetouristen haben sich die ortsansässigen Menschen schon lange gewöhnt. Stehen die Autos mit ihren Kamerakanonen mal wieder auf der Straße, sozusagen als spontaner Beobachtungsposten für die Gänseklatschzeitung, fährt man als Einheimischer einfach im Slalom an ihnen vorbei.

Gänse und Niederrheiner unterscheiden sich nämlich in einer Beziehung kaum: Sie gewöhnen sich an alles.

Seekühe

Die Unterhose

Es ist der 1. Oktober. Der Bodennebel über den Kuhweiden des Niederrheins hebt sich langsam und macht den warmen goldenen Strahlen der Herbstsonne Platz.

Unser Opa schlüpft bei angenehmen 18 Grad in die lange Unterhose. Auf die Frage, warum bei dem schönen Wetter eine Extra-Isolierschicht über die Lenden gezogen werden muss, heißt es: „Dat hab ek schon immer so gemacht. Kuck ma auf'n Kalender."

Am 1. Oktober wird die Unterhose angezogen. Dass es früher Anfang Oktober anscheinend kälter war, findet kein Gehör. So schwitzt sich der Opa bei 18 Grad durch den Tag und hofft, dass der Herbst endlich kalt und nass wird.

Die dunkle Jahreszeit vergeht und das Frühjahr hält Einzug. Ungeachtet aller Einwendungen der Familie wird die lange Unterhose erst am 1. Mai wieder ausgezogen – egal, welche Temperaturen in diesem Zeitraum herrschen. Die ganze Familie hofft nun, dass die Eisheiligen nicht zu kalt ausfallen, damit der Opa sich keine Erkältung einfängt.

Man sieht, am Niederrhein ist man alten Traditionen verpflichtet und lässt sich nicht von Klimaveränderungen oder vorlauten Enkeln aus der Ruhe bringen.

Ländlicher Sonntagsnachmittags-ausflug

LANZ
BULLDOG
KLE
LM 25

Nachtisch

Die niederrheinische Frau ist ein besonderes Wesen. Es gibt sie in allen erdenklichen Größen, Formen und Farben. Meine eigene ist natürlich die Besonderste von allen. Ihre spezielle Art versetzt mich täglich aufs Neue in Erstaunen.

Beispielsweise sitze ich ganz entspannt am Mittagstisch und lasse mir mit Frau und Kindern das Essen schmecken. So weit, so gut. Noch läuft alles so, wie ich es als Mann auch begreifen kann. Doch dann, kaum ist das Essen beendet, beginnt die Situation mir zu entgleiten.

Immer folgt nach dem Mittagessen die Frage der Frau: „Schatz, möchtest du Nachtisch?" Ich antworte dann meist: „Nein, danke. Dein Essen war so lecker, ich bin satt!" Diese Antwort kommt anscheinend nie im Gehirn meiner Frau an. Sie hat Ohren wie ein Luchs, gerade wenn es um Sachen geht, die sie nun überhaupt nicht hören soll, aber bei der Antwort auf die Nachtischfrage blockieren beide weiblichen Trommelfelle gleichzeitig und schalten auf Stand-by.

Schatzi-Hase steht vom Küchentisch auf.
„Möchtest du was aus dem Kühlschrank?"
„Nein, danke, ich bin wirklich satt."
„Bist du sicher?"
„Ja!"
Die Kühlschranktür wird geöffnet und nach möglichen Nachtischvariationen durchforstet. Schon springt ihr ein Molkereiprodukt ins Auge.

„Möchtest du einen Joghurt?“
„Bitte Schatz, nein!“
„Okay, Himbeere oder Kirsche?“

Das ist dann der Zeitpunkt, wo ich mich entschließe, heute doch noch eine Nachspeise zu mir zu nehmen. Essen ohne Hunger macht zwar auf Dauer dick, aber man hat seine Ruhe und eine glückliche Ehe.

Ich weiß nicht, wie Tischgespräche in anderen Landesteilen geführt werden, aber bei uns am Niederrhein läuft es ziemlich oft so.

Schwein gehabt

Biogas

Der Niederrhein – Quelle biologischer Treibhausgase. Eine der größten Produktionsstätten ist das Dorfschützenfest. Schützenfeste sind traditionelle Dorffeiern, bei denen sich alle Männer zwischen 15 und 75 Jahren treffen, um in einem Zelt in der Ortsmitte mit Musik und viel Bier ihren Gemeinschaftssinn auszuleben.

Jeder, der in der Lage ist, sich auf zwei Beinen zu bewegen (manche sogar nur auf einem), macht sich auf, um mit oder ohne grüne Uniform ein paar schöne Stunden im Bierzelt zu verbringen.

Diese Schützenveranstaltungen ziehen sich zur Freude der Festwirte über mehrere Tage. Und hier liegt der Ursprung der Biogasproduktion. Der Gerstensaft beginnt, über den langen Zeitraum der Zuführung in den Gedärmen der grünen Männer zu gären.

Spätestens am dritten Tag knallen Flatulenzen aus allen Rohren der Zeltgäste. Während der angeregten Gespräche wird sich zur Seite gebogen, um den Darmwinden ein besseres Davonschleichen zu ermöglichen.

Bei der Parade auf dem Dorfplatz werden im Stechschritt knatternde Fanfaren abgelassen, und wenn die Schützenzüge auf den Bierzeltgarnituren im Dorfzelt zu sitzen kommen, scheint jeder einzelne Grünrock ein ganz kleines Stück über der Bank zu schweben. Blieben die Männer unter sich, würde es vermutlich niemandem auffallen, dass sich unter dem Dach schon eine beträchtliche Menge Gas gesammelt hat, dessen Geruch eigentlich nur schwer zu ignorieren ist.

Abends beim Tanz kommen dann allerdings die Frauen ins Spiel. Mit untrüglichem Spürsinn werden die männlichen Biogasproduzenten gestellt und mit resolutem Mundwerk in die Schranken gewiesen.

Jeder, der schon mal versucht hat, bewusst einen herannahenden Pups aufzuhalten, der weiß: Man steht auf verlorenem Posten. Ein Korken im Hintern würde helfen, aber ernsthaft kann man das nicht von den Schützen verlangen.

Die kleinen Dörfer mit ihren Schützenfesten stecken nun in einem Dilemma. Männer und Frauen wollen zusammen feiern, aber gemeinsam im gleichen Zelt besteht immer das Problem der Geruchsbelästigung. Der gemeinsame Bierkonsum bringt nun mal eine beachtliche Menge Biogas ans Tageslicht (im wahrsten Sinne des Wortes). Wegschnüffeln ist da keine Lösung.

Die Lösung des Problems könnte eher in den neuen Technologien liegen. Wie man weiß, wird in der Landwirtschaft schon seit Längerem mit Biogas Strom produziert und somit gutes Geld verdient. Die Dorfgemeinschaften müssen nur noch einen Weg finden, die Stickoxide einzusammeln, um sie dann der Stromverwertung zukommen zu lassen. Damit kann dann der Energiebedarf des Dorffestes gedeckt werden, und die Gemeindekasse wird auch noch entlastet.

Schützenfest war noch nie so schön wie heute.

Niederrheinisches Einhorn

Heirat

Der Mai ist gekommen. Heiratswillige Paare haben auf diesen Monat gewartet, um sich das Jawort zu geben. Alles dreht sich um Gästelisten, Essensbestellung und die Schönheit der Braut.

Gibt es am großen Tag eine Kutsche, einen schicken Sportwagen oder doch, wie bei uns auf dem Land schon öfter gesehen, einen Mähdrescher mit Sofa vorne dran, der das Brautpaar von einem Ort zum nächsten bringt?

Warum geben sich zwei Menschen eigentlich das Jawort? Sagt das Brautpaar „Ja" dazu, einander Vertrauen zu schenken, oder eher zur Geduld mit dem Partner?

Ist es das „Ja" dazu, eine andere Person so zu akzeptieren, wie sie ist, ihr die Individualität zu lassen, aber nach außen hin mit einer Stimme zu sprechen? Man sagt „Ja" zu einem Partner, der nicht perfekt ist. „Ja" zu einem gemeinsamen Alltag mit Müll, der rausgebracht werden muss, Haaren im Waschbecken oder auf dem Rücken und kalten Füßen im Bett.

Im Grunde sagt man „Ja" zu den Dingen, die zu einer gesunden Beziehung gehören, für die es aber eigentlich nicht nötig ist zu heiraten. Aber: Warum heiraten dann jedes Jahr im Mai so viele Paare? Liegt es an der Obstbaumblüte, die junge Paare hormonell beeinflusst, oder ist doch die Getreidedüngung der Bauern irgendwie dafür verantwortlich?

Heute ist praktisch jede Form des Zusammenlebens gesellschaftlich akzeptiert. Trotzdem sitzen immer wieder Hochzeitsgesellschaften in der Kirche und warten auf die entscheidenden Worte zweier Menschen, die eine eigene Familie gründen wollen. Sie haben ihre Verwandten, ihre Freunde und Bekannten eingeladen, um zu zeigen, dass sie es wirklich ernst meinen mit der Beziehung. Dass sie jederzeit Verantwortung für den anderen übernehmen – egal was passiert. Die Gemeinschaft soll Zeuge sein, wenn sie das Jawort sprechen. Solange einer der Gäste lebt, wird man sich daran erinnern, dass zwei Menschen „Ja“ zueinander gesagt haben. Es gibt kein Zurück mehr.

Wenn Liebe das Schiff ist, das eine Beziehung voranbringt, dann ist das Eheversprechen der Anker.

Zaunkönig

Die Zunge

Sechzehn Uhr. Alle auf unserem Hof legten das Werkzeug nieder. Es war Kaffeezeit. Am späten Nachmittag versammelten wir uns um den großen Holztisch in unserer geräumigen Bauernküche.

Oma Anne hatte groß aufgetischt. Wenn es draußen mit der Arbeit gut voranging, war die Oma auch mit dem Essen spendabel. Neben der Kanne mit heißem Kaffee standen da der Bottich mit frischer Milch, eine Schale mit Schokokeksen und die Platte mit belegten Brötchen. Dazu gab es saure Gurken und selbst gemachte Mayonnaise.

Onkel Robert hatte seit dem Mittag fleißig die Steine für den neuen Schuppen zum Bauplatz getragen und war entsprechend hungrig. Ruckzuck waren die ersten Schnitten in den hungrigen Mäulern verschwunden. Alle griffen beherzt zu. Der Futterneid in der großen Runde, mit Familie und den ganzen Hilfskräften, beschleunigte die Nahrungsaufnahme enorm.

Durch das hastige Essen biss sich Onkel Robert auf die Zunge. Mit hochrotem Kopf schnellte er vom Tisch hoch und blieb wie versteinert stehen. Plötzlich stand er im Zentrum der Aufmerksamkeit. Oma Anne legte den Kochlöffel zur Seite: „Wat is los, Robert?" Onkel Robert antwortete nicht. Wer sich schon mal mit vollem Elan auf die Zunge gebissen hat, weiß, in so einer Situation kann man nicht mehr reden, sondern wartet nur darauf, dass der Schmerz langsam abebbt.

Unsere Oma hatte davon allerdings noch nie etwas gehört. Sie ließ sich nicht beirren: „Robert, nu antworte doch. Sach wat los is!" Der Onkel antwortete damit, dass seine Augenränder sich langsam mit Wasser füllten und ein leichtes Zittern am ganzen Körper sichtbar wurde. „Robert, hasse dich auffe

Zunge gebissen? Dat kannze ruhig sagen." Keine Antwort. „Stell dich nich so an!" Vom Onkel kam jetzt ein verstärkter Farbwechsel des Kopfes von Rot zu Dunkelrot als Antwort.

„Wat bis du ein Weichei! Kannz mir ruhig sagen, wat los is!"
Leises Wimmern.
„Jetz sach entlich!"
Die Stirn von Onkel Robert begann, feucht zu glänzen. Mein Vater reichte ihm eines seiner karierten Stofftaschentücher, um den Schweiß von der Stirn zu wischen.

„Schieß los! Alles in Ordnung? Robert?"
Der Onkel stieß langsam die Luft aus. Es wurde besser. Er fing wieder an zu atmen. Mein Vater stand auf, um Oma Anne zu sagen, dass sie sich mit ihren Fragen aus strategischen Gründen besser zurückhalten sollte.
Roberts Muskulatur begann sich wieder etwas zu entspannen. Die hervorgetretenen Sehnen und Adern schwollen ab und der feuchte Glanz wich langsam aus dem hochroten Gesicht.
„Is gut, Anne."
Am Kaffeetisch wurde weitergegessen. Das Essen von Oma Anne war ja auch wirklich lecker. Onkel Robert kaute seine Schnitte jetzt bedächtiger.

Er hatte schon viel erlebt, aber er wollte nie wieder seine Zunge zwischen die Zähne bekommen, wenn Oma Anne in der Nähe war.

Schweinehund

Hochwasser

Der Niederrhein – kurz vor Frühlingsbeginn. Strömender Nebel wechselt sich ab mit fisseligen Sonnenstrahlen und strahlenden Regenschauern. Der Rhein bewegt sich träge angestrengt wie ein deutscher Beamter kurz vor der Kaffeepause.

Doch dann steigt das Wasser des Flusses schwallartig an und zwängt sich aus seinem Führungsbett in die Niederungen der Weidelandschaften rechts und links des Rheins. Das Wasser staut sich hoch zwischen den seitlichen Deichen. Schneeschmelze aus den Bergen und Wasser aus Neckar, Mosel und Main machen aus dem gemütlichen Gevatter Rhein einen tobenden jungen Burschen mit manch mitreißender Eigenschaft.

Bei uns im Dorf blickt man gespannt dem faszinierenden Phänomen des Hochwassertourismus entgegen. Der gewachsene Fluss zieht Leute aus der ganzen Umgebung an, und am Wochenende mischen sich viele Nummernschilder aus dem Ruhrgebiet unter die Autokolonnen, die zu den besten Aussichtspunkten für das Rheinhochwasser unterwegs sind.

Es herrscht eine regelrechte Volksfeststimmung. Es wäre keine schlechte Idee, hier Bier und Bratwürstchen zu verkaufen.
„Kuck ma, wie breit dat Wasser is!"
„Würstchen gefällig?"
„Boah, wat Wellen!"
„Pilsken dazu?"

Als Ortsansässiger muss man allerdings zugeben, dass sich hier ein beeindruckendes Bild bietet. Wassermassen von gewaltigen Ausmaßen schieben sich Welle für Welle vorwärts. Auf den Wellenkämmen schaukeln lustig

Plastikflaschen, Gartenstühle und entwurzelte Sträucher. Das Wasser bietet praktisch eine Müllsafari für den unteren Niederrhein an.

Irgendwann ist der Zeitpunkt des fallenden Wassers gekommen. Der Rhein hat sich genug ausgetobt und verschwindet langsam wieder im Flussbett – schlafen und Kraft tanken für das nächste Hochwasser. Zurück bleiben jede Menge seltsame Sachen, die das Wasser in Zäunen, Büschen und Bodenmulden zurückgelassen hat. Man geht über die abtrocknenden Flächen und fragt sich, ob halb Köln seinen Hausrat an den Rhein verloren hat. Türen, Stühle und Tische liegen dann da, vereint mit Sportsachen wie Tennisbällen (übrigens in riesigen Mengen – im Rheinvorland muss eine Tennisballfabrik liegen), Eishockeyschlägern und Laufschuhen, meist mit der passenden Socke am nächsten Zaun.

Es dauert ein paar Tage, dann sind alle Spuren des Wassers beseitigt und man kann gespannt sein, was beim nächsten Mal so alles angeschwemmt wird. Man hätte ja auch nichts dagegen, mal was Wertvolles zu finden oder wenigstens was Brauchbares.

Bis das geschieht, sucht man halt ein bisschen Schwemmholz und schichtet es zu einem Lagerfeuer am Ufer auf. Abends setzt man sich dann an die Böschung mit dem wärmenden Feuer im Rücken und hört den tuckernden Rheinschiffen zu.

Dieser Moment versöhnt mit allem, was der Fluss bis dahin angestellt hat.

Klare Mondnacht am Niederrhein

Arschkalt

Wie kalt ist eigentlich „arschkalt"? Hat sich schon mal jemand diese Frage gestellt?

Fühlt man am erwärmten Körperteil nach, kann man durchaus zu unterschiedlichen Ergebnissen kommen. Mein eigener ist in der Regel so warm, dass er keinen Pullover braucht. Der Popo meiner Frau dagegen hat eine ganz andere Oberflächentemperatur. Kommt er nachts im Ehebett an meinem Schatz herübergehüpft, breitet sich sofort eine sibirische Kälte aus.

Ist die Temperatur in meiner eigenen Betthälfte etwa um zwei Drittel gesunken, schieben sich andere Körperteile mit ähnlich frostigen Graden nach. Nase und Füße rücken Zentimeter für Zentimeter unter der Bettdecke vor.

Man könnte die Permafrost-Extremitäten auch als Nord- und Südpol der Dame bezeichnen. Hat meine Frau nun den Körper an mir aufgewärmt, weicht sie wieder in die eigene Betthälfte zurück. Nicht ohne beide Bettdecken mitzuziehen.

Spätestens dann weiß man ganz genau, was „arschkalt" eigentlich bedeutet.

Seepferdchen

Dorfgeschehen

Die frühe Morgensonne graut über die fetten Wiesen des Niederrheins hinweg direkt in unser Küchenfenster. Mein Bruder Michael kommt langsam an den Frühstückstisch, schwer gezeichnet von der Fete gestern Abend.

In Zeitlupe sackt er auf den Stuhl und versucht die Kaffeeaufnahme. Die ersten Gesichtsmuskeln, die sich bewegen, sind seine Lippen. Nach einem Schluck aus der Tasse beginnt er von gestern Abend zu erzählen.

Er hatte die Tochter vom Bäcker an der Theke getroffen. Von Terwege, nicht von Jansen, also die Birgitt. Die hat an dem Abend Streit mit ihrem Ex gehabt – dem Bruder von Lutz Langenfeld, der damals, so in den 80ern, von der anderen Rheinseite in unser Dorf gezogen war. Auf jeden Fall hat Birgitt Michael alle Details ihrer Beziehung geschildert.

Interessant wurde das Gespräch, als die Zwillinge vom Terhorst dazukamen, denn eins von den Mädels war auch mal mit dem Bruder von Lutz Langenfeld zusammen gewesen. Die Frauen hatten sich gestern Abend auf Anhieb gut verstanden, wie mein Bruder erzählt. Ich schütte eine zweite Tasse Kaffee ein, um den Redefluss von Michael nicht zu unterbrechen.

Mia Ingenerf, die Oma aus der Vincentstraße, ist gestern mit dem Krankenwagen abgeholt worden. Sie war im Garten über eine Baumwurzel gestürzt, die der Nachbar Hansi Weiler nicht richtig über der Erde abgesägt hatte. Hansi und seine Frau Sarah hätten wohl jetzt auch ein schlechtes Gewissen wegen dem Baumstumpf, so wie mir Michael erzählt.

„Gab es noch was Interessantes?“, frage ich und schmiere mir mein Brot mit Kraut. „So wie es aussieht, wird die Schreinerei Tysen versteigert“, erklärt Micha. Der hatte angeblich zu viele Geschäfte mit dem alten Hussmann gemacht. „Das macht man aber auch nicht, Geschäfte mit dem alten Hussmann. Man muss nur mal Bernie oder Bücking aus dem Dorf fragen, die hätten sofort gesagt: Keine Geschäfte mit Hussmann machen! Obwohl Susanne, die Tochter von Bücking, hat gestern Abend sehr intensiv mit dem Sohn von Hussmann getanzt. Das haben da alle genau beobachtet."

Später am Abend wurde noch diskutiert, welcher der Söhne von Baumann nach Düsseldorf gezogen sein soll. Da gibt es fünf Baumann-Söhne und jetzt war man sich nicht einig, ob es der dritte oder vierte war, der in die Stadt gezogen ist.

„Der dritte Sohn arbeitet doch bei Terhorst", sage ich. „Der kann es nicht sein. Es muss der vierte sein, Sebastian heißt der, glaube ich, der hatte doch mal was mit der Karina Wittstock aus dem Nachbardorf."

Beruhigt, dass wir alles Neue aus der Nachbarschaft analysiert haben, räumen wir den Frühstückstisch ab. Beim Aufstehen fragt mich Michael, ob ich denn wüsste, von wem die kleine Sonja, die bei dem Friseur Michelbrink arbeitet, schwanger ist.

„Schwanger?", frage ich. „Ich wusste nicht, dass die kleine Sonja schwanger ist".

„Du weißt aber auch gar nicht Bescheid, was im Dorf los ist", lächelt Michael.

Ich überlege und komme zu dem Schluss, dass er Recht hat. Heute Abend ist die Einweihung der Vereinstafel auf dem Marktplatz. Ich beschließe, unbedingt hinzugehen.